BEI GRIN MACHT SICH IHR WISSEN BEZAHLT

- Wir veröffentlichen Ihre Hausarbeit, Bachelor- und Masterarbeit

- Ihr eigenes eBook und Buch - weltweit in allen wichtigen Shops

- Verdienen Sie an jedem Verkauf

Jetzt bei www.GRIN.com hochladen und kostenlos publizieren

Daniel Engers

Nährstoffrücklösung in Seen. Phänomene, Mechanismen, Konsequenzen

GRIN Verlag

Bibliografische Information der Deutschen Nationalbibliothek:

Die Deutsche Bibliothek verzeichnet diese Publikation in der Deutschen National-
bibliografie; detaillierte bibliografische Daten sind im Internet über http://dnb.d-
nb.de/ abrufbar.

Dieses Werk sowie alle darin enthaltenen einzelnen Beiträge und Abbildungen
sind urheberrechtlich geschützt. Jede Verwertung, die nicht ausdrücklich vom
Urheberrechtsschutz zugelassen ist, bedarf der vorherigen Zustimmung des Verla-
ges. Das gilt insbesondere für Vervielfältigungen, Bearbeitungen, Übersetzungen,
Mikroverfilmungen, Auswertungen durch Datenbanken und für die Einspeicherung
und Verarbeitung in elektronische Systeme. Alle Rechte, auch die des auszugsweisen
Nachdrucks, der fotomechanischen Wiedergabe (einschließlich Mikrokopie) sowie
der Auswertung durch Datenbanken oder ähnliche Einrichtungen, vorbehalten.

Impressum:

Copyright © 2002 GRIN Verlag GmbH
Druck und Bindung: Books on Demand GmbH, Norderstedt Germany
ISBN: 978-3-656-44709-2

Dieses Buch bei GRIN:

http://www.grin.com/de/e-book/13115/naehrstoffrueckloesung-in-seen-phaenomene-
mechanismen-konsequenzen

GRIN - Your knowledge has value

Der GRIN Verlag publiziert seit 1998 wissenschaftliche Arbeiten von Studenten, Hochschullehrern und anderen Akademikern als eBook und gedrucktes Buch. Die Verlagswebsite www.grin.com ist die ideale Plattform zur Veröffentlichung von Hausarbeiten, Abschlussarbeiten, wissenschaftlichen Aufsätzen, Dissertationen und Fachbüchern.

Besuchen Sie uns im Internet:

http://www.grin.com/

http://www.facebook.com/grincom

http://www.twitter.com/grin_com

Seminarvortrag

am Institut für Wasserbau und Wassertwirtschaft
der RWTH Aachen

Nährstoffrücklösung in Seen - Phänomene, Mechanismen, Konsequenzen

Daniel Engers

Sommersemester 2002

Inhaltsverzeichnis

Tabellenverzeichnis

Abbildungsverzeichnis

Verzeichnis der Abkürzungen

Abkürzung	Beschreibung
DOM	Gesamtheit der gelösten organischen Verbindungen (*dissolved organic matter*)
SRP	löslicher verfügbarer Phosphor (*soluble reactive phosphorus*)
TP	Gesamtphosphor (*total phosphorus*)

Chem. Formel	Bezeichnung
$CaCO_3$	Calciumcarbonat; Kristallformen: Calcit, Aragonit, Vaterit (*calcium carbonate*)
HPO_4^{2-}	Hydrogenphosphat (*monophosphate*)
$H_2PO_4^-$	Dihydrogenphosphat (*dihydrogen phosphate*)
H_2S	Schwefelwasserstoff (*hydrogen sulfide*)
NH_4^+	Ammonium (*ammonia*)
NO_2^-	Nitrit (*nitrite*)
NO_3^-	Nitrat (*nitrate*)
N_2	Distickstoff (*dinitrogen*)
PO_4^{3-}	(Ortho-)Phosphat (*phosphate*)
SO_4^{2-}	Sulfat (brit.: *sulphate*; am.: *sulfate*)

Indizees	Bedeutung
(II), (III)	In chemischen Verbindungen: Wertigkeit der Ionen (Ladungsstufe)

1 Einleitung

In jüngster Zeit ist die Gewässergüte – nicht zuletzt durch das Inkrafttreten der Europäischen Wasserrahmenrichtlinie (EU-WRRL) im Dezember 2000 – zunehmend in das Bewusstsein der Fachwelt gerückt.

Die Gewässergüte wird in der Regel durch Belastungen quantifiziert. Hierunter sind nicht alleine Schadstoffe, sondern auch Nährstoffe – jeweils mit ihren Bilanzen – zu verstehen. Nährstoffe beeinflussen Lebewesen, indem sie deren Wachstum und Vermehrung fördern bzw. bei Abwesenheit hemmen. Sie haben damit indirekt Einfluss auf den Sauerstoffhaushalt eines Gewässers. Dieser bestimmt die chemischen und biologischen Prozesse, die im Ökosystem Gewässer ablaufen können.

Im Zusammenhang mit Nährstoffen fällt häufig der Begriff der Eutrophierung. Obwohl in jüngster Zeit die externen Nährstoffbelastungen der Gewässer in Deutschland rückläufig sind ([2]), ist der Prozess der Eutrophierung in vielen Seen weiterhin zu beobachten. Ursache dafür ist, sofern die externen Belastungen niedrig sind, hauptsächlich die Nährstoffrücklösung aus Sedimenten – auch interne Düngung (*internal loading*) genannt.

Die vorliegende Ausarbeitung beschäftigt sich mit diesem Aspekt der Eutrophierung im Bereich der stehenden Gewässer. Ziel ist die Katalogisierung und Erläuterung der Prozesse und Einflüsse sowie die Darstellung wichtiger Konsequenzen, die sich daraus ergeben.

2 Grundlagen

2.1 Vorbemerkung

In diesem Abschnitt werden Begriffe und Zusammenhänge nur so weit erläutert, wie sie für das Verständnis des Themas erforderlich sind.[1]

Die folgenden Erläuterungen beziehen sich nur zum Teil auf fließende Gewässer. Den Kern der Ausarbeitung bilden die stehenden Gewässer; das sind natürliche Seen und künstliche Seen (z. B. Talsperren).

2.2 Begriffe

2.2.1 Trophie

Als Trophie eines Sees wird die Intensität seiner Primärproduktion bezeichnet. „Die Primärproduktion beruht auf dem biochemischen Prozess der Photosynthese, bei der Strahlungsenergie biochemisch gebunden wird." [11, S. 171].

---

[1] Eine umfassende Darstellung und Erläuterung ist nicht Ziel dieser Ausarbeitung und würde deren Rahmen bei weitem sprengen. Hierfür sei auf die einschlägige Literatur verwiesen, z. B. [4, 9, 11] und im Internet [3].

Trophiegrad	Charakterisierung
Oligotroph	- Produktion schwach aufgrund geringer Verfügbarkeit der Nährstoffe - Phytoplanktonentwicklung ganzjährig gering - hohe Sichttiefe durch geringe Planktondichten - ganzjährig hohe Sauerstoffsättigung, Sauerstoffkonzentration des Tiefenwassers am Ende der Stagnationsperiode über 4 mg/l O_2
Mesotroph	- Produktion höher als beim oligotrophen Gewässer aufgrund höherer Verfügbarkeit der Nährstoffe - mäßige Phytoplanktonproduktion bei großer Artenvielfalt mit Maximum im Frühjahr - mittlere Sichttiefen - häufig metalimnisches O_2-Minimum, im Hypolimnion kann Sauerstoffmangel auftreten
Eutroph	- Produktion hoch aufgrund guter Verfügbarkeit der Nährstoffe - hohe Phytoplanktonentwicklung - deswegen Sichttiefe gering - Algenblüten möglich - oberste Wasserschicht durch Assimilationstätigkeit der Algen zeitweise mit Sauerstoff übersättigt - gegen Ende des Sommers regelmäßig starker Sauerstoffmangel im Tiefenwasser
Polytroph (hoch-polytroph kommt unter naturnahen Bedingungen wahrscheinlich nicht vor)	- Produktion sehr hoch aufgrund sehr hoher Nährstoffkonzentrationen, Produktion daher zeitweilig nicht nährstoff-(P)-limitiert - mehrfach im Jahr auftretende Algenmassenentwicklungen, im Sommer dominieren oft Blaualgen - Sichttiefe daher oft sehr gering (zeitweilig unter 1 m) - übermäßig hohe Sauerstoffzehrung, Sauerstoffschwund und nachfolgend Schwefelwasserstoff-Bildung im Hypolimnion spätestens ab Mitte des Sommers
Hypertroph (kommt unter naturnahen Bedingungen nicht vor)	- Nährstoffverfügbarkeit ganzjährig sehr hoch, Planktonproduktion nicht nährstoff-(P)-limitiert - ganzjährig andauernde, die Gewässerfarbe bestimmende Algenmassenentwicklungen - Sichttiefe daher stets sehr gering (nur ausnahmsweise über 1 m) - in geschichteten Seen starkes Sauerstoffdefizit im Tiefenwasser zu allen Jahreszeiten, bereits wenige Wochen nach Beginn der sommerlichen Schichtung ist der Sauerstoff im Hypolimnion vollständig aufgezehrt

Tabelle 1: Definitionen der Trophiegrade für stehende Gewässer (LAWA 1998); aus: [8, S. 19]

Der Trophiezustand eines See hängt von vielen Parametern ab. Unter anderem sind dies Nährstoffkonzentration, Tiefe des Sees und Retentionszeit des Wassers. Er wird von der Länderarbeitsgemeinschaft Wasser (LAWA) in mehrere Trophiestufen eingeteilt, die in Tabelle 1 dargestellt sind.

Unter Eutrophierung versteht man die Zunahme der Primärproduktion im Gewässer. Sie kann unter anderem durch Nährstoffanreicherung bewirkt werden und entspricht einer Änderung vom oligotrophen zum eutrophen Gewässerzustand. „Die Konzentration an gelöstem Sauerstoff im hypolimnischen Wasser kann als Indikator für die Eutrophierung genutzt werden." [9, S. 536]

Man unterscheidet die natürliche Eutrophierung, die in jedem stehenden Gewässer in geologischen Zeiträumen stattfindet, von der künstlichen Eutrophierung, die durch anthropogene Einflüsse bedingt wird und in Zeiträumen von mehreren Jahrzehnten stattfindet. Wird von Eutrophierung gesprochen, so ist in der Regel die künstliche Eutrophierung gemeint.

2.2.2 Mixis

Schichtungen des Seewassers werden durch unterschiedliche Verteilungen der Wasserdichte über die Seetiefe hervorgerufen. Sie stellen sich je nach Klimabedingungen (insbesondere Temperatur und Wind) ein und sind durch die jeweilige Temperaturverteilung über die Wassertiefe im See definiert (Dichteanomalie des Wassers). Eine Schichtung ist in Abbildung 1 beispielhaft schematisch dargestellt.

Die Schichten lassen sich folgendermaßen charakterisieren [9]:

Epilimnion: Obere, gleichmäßig temperierte, in sich zirkulierende, belüftete und leichtere Warmwasserschicht. Sie wird ganz oder teilweise durchleuchtet (tropogene Zone). In der tropogenen Zone findet der größte Teil der Primärproduktion statt.

Das Epilimnion ist nährstoffzehrend und O_2-eintragend.

Metalimnion: (Sprungschicht) Übergangsschicht mit meist großen Temperaturgradienten. Sie ist die Grenzschicht der epilimnischen Zirkulation.

Hypolimnion: Untere, meist stagnierende, wenig durchleuchtete, kältere Wasserschicht größerer Dichte.

Hier findet ein großer Teil des Abbaus von in der Produktionsmasse gebildeten organischen Substanzen durch Mineralisationsprozesse statt. Da während der Stagnationsphasen kein Sauerstoff zugeführt wird und viele Prozesse sauerstoffzehrend sind, wird das Hypolimnion in diesen Phasen O_2-arm.

Monimolimnion: Nicht zirkulierendes Tiefenwasser. Es ist frei von Sauerstoff, enthält hohe Nährstoffkonzentrationen sowie Methan und Schwefelwasserstoff und ist häufig salzhaltig.

Für die Betrachtung der Nährstoffrücklösung ist es sinnvoll, flache Seen von den tiefen und sehr tiefen Seen zu unterscheiden. In vielen flachen Seen bildet sich während des ganzen Jahres keine stabile Schichtung aus. In tiefen Seen bildet sich während der Stagnation ein dreischichtiger Wasserkörper aus. In sehr tiefen Seen, die nie bis zur Sohle zirkulieren, lässt sich zusätzlich noch eine vierte Schicht, das Monimolimnion feststellen.

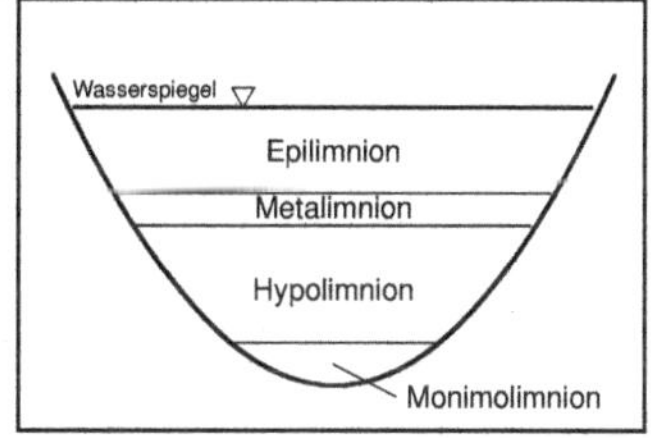

Abbildung 1: Wasserschichtung eines Sees

Weiterhin unterscheidet man die Stagnationsphasen (stabile Schichtung im Sommer und Winter) von den Zirkulationsphasen (Frühjahr und Herbst).[2]

2.2.3 Sediment

Sedimente bestehen aus verschiedenen Materialien, von denen die organischen (z. B. Exkremente, totes Material) für die Sauerstoffverhältnisse im Sediment die wichtigsten sind. Die Materialien sedimentieren aus den überstehenden Wasserschichten.

Auf dem Weg in die Tiefe unterliegt organisches Material verschiedensten Stoffwechselprozessen und wird durch diese mineralisiert. Die Mineralisierungsprozesse laufen bevorzugt sauerstoffzehrend ab. Das bedeutet, dass für Partikel, die auf dem Weg zum Sediment nicht vollständig mineralisiert wurden, an der Sedimentoberfläche Sauerstoff zur Umsetzung erforderlich ist. Ist kein Sauerstoff vorhanden (anaerobe Verhältnisse), so kann die Umsetzung langsamer auch anaerob erfolgen. Siehe dazu auch die Ausführungen zur Schichtung von Seen (Abschnitte 2.2.2 und 2.2.4).

---

[2]Auf eine Charakterisierung von Seen nach ihren Zirkulationstypen wird hier verzichtet. Siehe hierzu [9] und [11]

Sedimente sind in der Regel geschichtet. Für die Prozesse der Nährstoffrücklösung ist eine Schichtung im Hinblick auf die Sauerstoffverhältnisse und damit das Redoxpotential (besonders an der Sediment-Wasser-Kontaktschicht) entscheidend. Bei aerobem Tiefenwasser stellt sich eine Verteilung ähnlich Abbildung 2 ein. Die Mächtigkeit der aeroben Sedimentdeckschicht kann unter anaeroben Verhältnissen im überstehenden Freiwasser auf Null zurückgehen, so dass das Sediment vollständig in den anoxischen oder anaeroben Zustand übergeht.

Nährstoffe unterliegen im Sediment Fällungs-, Lösungs- und Austauschvorgängen; sie werden gebunden und freigesetzt. Über längere Zeiträume (über einen Jahreszyklus hinaus) überwiegt eine Akkumulation, so dass das Sediment als Nährstoffsenke für den See wirkt. Die Närstoffkonzentrationen können dort ein Vielfaches der Konzentrationen im Wasser annehmen [5].

Es ist zu beachten, dass Sedimente in den obersten Schichten häufig eine schlammige Konsistenz besitzen und dort zu einem großen Teil aus organischen, vollständig oder unvollständig mineralisierten Bestandteilen bestehen.

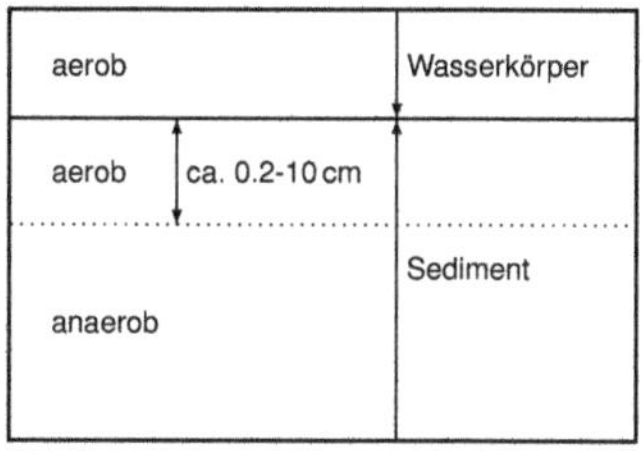

Abbildung 2: Sauerstoffschichtung im Sediment (schematisch und stark vereinfacht)

2.2.4 Lebensräume

Die Lebensräume im See werden wie folgt eingeteilt [7, 9]:

Pelagial = Freiwasserzone. Organismen haben keine oder nur eine zeitweilige Beziehung zum Boden und halten sich sonst schwebend und/oder schwimmend im freien Wasser auf. Vertikale Unterteilung in:

- euphotische Zone
  (oberes, durchlichtetes Pelagial, auch trophogene Zone bzw. Epipelagial genannt)
- aphotische Zone
  (unteres, mit Licht unterversorgtes Pelagial, auch tropholytische Zone bzw. Bathypelagial genannt)

Benthal = Bodenzone. Organismen halten sich ganz oder überwiegend in oder auf dem Sediment oder an Pflanzen auf. Vertikale Unterteilung in:

- Litoral (Uferzone)
- Profundal (Tiefenzone)

2.3 Bedeutung des Sauerstoffs für Seen

Die Sauerstoffbilanz eines Sees ist neben den Nährstoffbilanzen ein entscheidendes Kriterium für die Beurteilung seiner Wasserqualität.

Sauerstoff ist für alle Formen des aquatischen Lebens wichtig. Er liegt in Gewässern physikalisch als O_2 gelöst oder chemisch gebunden (in einigen Salzen, z. B. Nitraten, Sulfaten) vor. Der Sauerstoffhaushalt eines Gewässers unterliegt einem komplexen System von sauerstoffliefernden und -zehrenden Prozessen:

O_2-liefernd:
- physikalische Belüftung
  (physikalische O_2-Aufnahme aus der Atmosphäre an der Wasseroberfläche)
- biogene Belüftung
  (O_2-Produktion während der Assimilation grüner Pflanzen)

O_2-zehrend:
- chemische und biochemische Oxidationsvorgänge, Respiration

Ist der Sauerstoffhaushalt ausgeglichen, d.h. sauerstoffliefernde und sauerstoffzehrende Prozesse gleichen sich in etwa aus, so ist der Zustand des Gewässers stabil. Eine O_2-Untersättigung tritt auf, wenn die sauerstoffverbrauchenden Prozesse überwiegen. Geraten dabei mehrere prozessbeeinflussende Faktoren in sehr ungünstige Bereiche, kann dies im Extremfall zum „Umkippen" des Gewässers führen. Das heißt, das Gewässer geht vollständig vom aeroben in einen anaeroben Zustand über. Diese Prozesse treten erst nach einer sehr starken Eutrophierung über längere Zeit auf.

Folgen des Umkippens von Seen sind unter anderem Fischsterben sowie Geruchsbelästigungen durch Austritt von Schwefelwasserstoff und anderen giftigen Gasen. Hierdurch werden so gut wie alle Nutzungsformen der Gewässer beeinträchtigt. Zum Beispiel ist eine Nutzung umgekippter Gewässer zur Freizeitgestaltung und Erholung nur sehr eingeschränkt möglich. Das Umkippen hat nicht zuletzt auch weit reichende Konsequenzen für die Wasserentnahme zur Trinkwassergewinnung.

Der Sauerstoffgehalt des Wassers ist in Seen nie konstant, sondern variiert zeitlich und örtlich. Wichtige Einflüsse sind:

- Lichtzufuhr

- Strömungsprozesse (Wellen, aber auch Bioturbation an den Sedimenten)

- Mixis (Schichtung und Zirkulation)

- Klima (Temperatur, Wind, Luftdruck)

- Verteilung der Biomasse im Wasserkörper

Hierbei ist zu beachten, dass sowohl tageszeitliche als auch jahreszeitliche Schwankungen auftreten.

Werden die Prozesse der Nährstoffrücklösung betrachtet, so ist insbesondere die vertikale Verteilung der Sauerstoffverhältnisse von Interesse (siehe hierzu auch Abschnitt 2.2.2).

Durch den Sauerstoffgehalt werden nicht zuletzt auch die sich einstellenden Milieus (aerob, anaerob, anoxisch) definiert. Sie sind wichtige Rahmenbedingungen, die den Ablauf bestimmter Prozesse überhaupt erst ermöglichen (z. B. Nitrifikation, Denitrifikation).

2.4 Nährstoffe

Nährstoffe sind für das Wachstum aller Organismen nötig. Zu den Nährstoffen gehören im Bereich der Süßwasserseen Phosphorverbindungen, Stickstoffverbindungen sowie einige Stoffwechsel-Zwischenprodukte, die beim Stoffwechsel der aquatischen Organismen anfallen.

Nährstoffe werden aus dem Einzugsgebiet über Zuflüsse in Seen eingetragen. Die Eintragsmenge steigt in der Regel mit den Abflüssen aus dem Einzugsgebiet. Die Einträge werden nach der Art ihrer Quellen wie folgt eingeteilt [9]:

punktuelle:
- z. B. Einträge durch kommunale oder industrielle Abassereinleiter

diffuse:
- externe Einträge
  (z. B. Flächenabflüsse von urbanen, ländlichen oder Waldflächen)
- interne Einträge
  (z. B. Einträge aus Grundwasser und Nährstoffrücklösungen aus dem Sediment)

Die wichtigsten Nährstoffe sind Stickstoff- und Phosphorverbindungen, weil sie durch ihre geringe Verfügbarkeit das Wachstum des Phytoplanktons im See begrenzen.

Meist, aber nicht immer, ist Phosphor der limitierende Faktor. Entscheidend ist jeweils, in welchem Stoffmengenverhältnis und in welchen Verbindungen die Elemente vorhanden sind. Stickstoff und Phosphor werden nach [4] etwa in einem molaren Verhältnis von $N \cdot P = 16 : 1$ benötigt. Dies entspricht einem Massenverhältnis von $7 : 1$. Ist das vorhandene Massenverhältnis $N : P < 10 : 1$, so ist in der Regel Stickstoff der begrenzende Faktor für das Wachstum des Phytoplanktons. Ist $N : P > 10 : 1$, wird Phosphor der begrenzende Wachstumsfaktor. In einigen Fällen bilden aber auch Stickstoff und Phosphor gemeinsam den limitierenden Faktor. Weder eine Erhöhung der Stickstoff- noch eine Zunahme der Phosphorkonzentration alleine bewirkt in dem Fall eine signifikante Wachstumssteigerung. Nur eine gleichzeitige Erhöhung beider Konzentrationen ermöglicht dies. Die Zusammenhänge werden ausführlich in [4] diskutiert.

In Tabelle 2 werden die wichtigsten Stickstoff- und Phosphorverbindungen kurz erläutert. Detaillierte Ausführungen zu den Phosphaten sind in [17] zu finden. Die Phosphorverbindungen im Gewässer werden je nach Aufgabenstellung in verschiedene Gruppen eingeteilt. In der Regel sind dies die folgenden:

- gelöst anorganisch (= Orthophosphat)
- gelöst organisch
- organisch partikulär

Alle Fraktionen zusammen ergeben den Gesamtphosphor. Andere Klassifizierungen sind z. B. für Sedimente in [5] erläutert. Eine Einteilung ist erforderlich, da weniger die Gesamtkonzentration des Phosphors als das Auftreten bestimmter pflanzenverfügbarer P-Bindungsformen für die Auswirkungen auf den See entscheidend ist.

Stickstoffverbindungen		
anorganisch		
Ammonium	NH_4^+	- gut wasserlöslich - bevorzugte Form für das Pflanzenwachstum - wird in der Regel über Zuflüsse eingetragen - kann im anaeroben Milieu durch Nitratammonifikation reduktiv aus Nitrat entstehen - wird im Gewässer in der Regel über Nitrit zu Nitrat oxidiert
Nitrit	NO_2^-	- gut wasserlöslich - Zwischenprodukt bei der Oxidation von Ammonium zu Nitrat - Konzentrationen meist gering
Nitrat	NO_3^-	- gut wasserlöslich - wichtiger Nährstoff für Wasserpflanzen - Hauptquellen sind Auswaschungen aus landwirtschaftlich genutzten Böden und Kläranlagenabläufe
organisch		
org. gebundener Stickstoff		- stammt überwiegend aus biogenen Quellen (freie Verbindungen, Aminosäuren, Exkretionen) - wird in der Regel durch Mikroorganismen abgebaut, wobei Ammonium entsteht

Phosphorverbindungen		
Orthophosphat	PO_4^{3-}	- direkt pflanzenverfügbar - Verbindung abhängig vom pH-Wert (HPO_4^{2-}, $H_2PO_4^-$)

Tabelle 2: Die wichtigsten Stickstoff- und Phosphorverbindungen

3 Lösungsmechanismen

3.1 Allgemeines

Stickstoff und Phosphor sind sowohl im Wasser als auch im Sediment enthalten, dort aber in deutlich höheren Konzentrationen (siehe Abschnitt 2.2.3). Durch Rücklösungsmechanismen werden sie sowohl in pflanzenverfügarer als auch in nicht für Pflanzen verfügbarer Form in das Wasser abgegeben. Verbindungen, die nicht pflanzenverfügbar sind, können im Wasser allerdings wieder in für Pflanzen verwertbare Verbindungen umgewandelt werden und stehen daraufhin ebenfalls wieder als Nährstoff zur Verfügung.

Zur Rücklösung gehören prinzipiell zwei Prozesse: Die Lösung der Verbindungen an sich (als chemischer Vorgang) und der Transport in das freie Wasser. Die Lösung wird auch als Mobilisierung bezeichnet, der Transport als Freisetzung. Für chemische und physikalische Mechanismen kann der Ablauf folgendermaßen schematisiert werden:

1. Durch chemische Prozesse wird der Stoff umgewandelt und in eine lösungsfähige Form gebracht.

2. Die lösungsfähige Verbindung wird durch das Sediment an die Sediment-Wasser-Kontaktzone transportiert, falls sie nicht in dieser Zone umgewandelt wurde.

3. Ein Übergang in das überstehende Wasser erfolgt. Damit ist die gelöste Verbindung für die Organismen im Wasser verfügbar.

Neben den Rücklösungsmechanismen treten im Sediment auch Adsorptionsprozesse auf.

Diese bilden die Umkehrung der Lösungsprozesse, indem sie (z. B. durch Ausfällung) dem Wasser Nährstoffe entziehen und diese akkumulieren (siehe auch Abschnitt 2.2.3 und 3.3.2).

Eine Rücklösungsform ist für alle Nährstoffe aus dem Sediment unabhängig von den herrschenden Umgebungsbedingungen möglich: Die Nährstoffaufnahme durch wurzelnde Pflanzen aus dem Sediment. Die aufgenommenen Stoffe werden organisch gebunden und auf zwei Wegen in den See abgegeben: Einerseits über den Weg der Freisetzung von gelöstem organischem Material (DOM) direkt und andererseits durch das Absterben von Pflanzenteilen (Detritus). Diese werden durch Bakterien zum Teil im Wasser, zum Teil im Sediment zersetzt und die Nährstoffe werden den Organismen im See umgewandelt zur Verfügung gestellt. [11]

In den folgenden Unterabschnitten werden die wichtigsten Mechanismen und Parameter, die auf die jeweiligen Prozesse wirken und diese beeinflussen, dargestellt und erläutert.

3.2 Stickstoff

3.2.1 Allgemeines

Die Rücklösungsmechanismen des Stickstoffs werden ebenso wie der Stickstoffkreislauf der Gewässer durch die Zersetzung organischen Materials, Nitrifikation, Denitrifikation sowie die N_2-Fixation bestimmt. Das Zusammenspiel dieser Prozesse im Sediment kann man sich wie die Prozessstraße einer industriellen Fertigung vorstellen. Dies wird im Folgenden anhand Abbildung 3 verdeutlicht.

Durch die Zersetzung von totem organischem Material (Detritus) im Sediment wird Ammonium (NH_4^+) als bakterielles Abfallprodukt freigesetzt. Dieses kann zum einen in den See diffundieren; zum anderen kann es in der oberen Sedimentschicht im aeroben Milieu zu Nitrat (NO_3^-) nitrifiziert werden. Im Wasser dieser Schicht (Interstitialwasser) herrschen höhere Nitratkonzentrationen als im darüberliegenden Wasser [4].

Nitrat kann aufgrund der Konzentrationsunterschiede nach oben in das überstehende Wasser oder nach unten in die anoxischen Bereiche des Sedimentes diffundieren, wo es durch Denitrifikation in Distickstoff (N_2) umgewandelt wird. Dieser diffundiert als Gas durch das gesamte Sediment in das überstehende Freiwasser, wo er weiter aufsteigt und für die N_2-Fixation zur Verfügung steht.

Damit werden durch Nitrifikation und Denitrifikation die beiden Formen des Stickstoffs freigesetzt, die direkt pflanzenverfügbar sind: Ammonium und Nitrat (siehe Abschnitt 3.2.2).

Der ebenfalls freigesetzte inerte Distickstoff kann bis auf wenige Ausnahmen von Pflanzen nicht direkt aufgenommen werden. Über die N_2-Fixation ist aber eine Umwandlung in pflanzenverfügbare Formen möglich (siehe Abschnitt 3.2.3).

3.2.2 Nitrifikation und Denitrifikation

Unter Nitrifikation versteht man die Umwandlung von Ammonium (NH_4^+) oder organisch gebundenem Stickstoff über Nitrit (NO_2^-) zu Nitrat (NO_3^-). Über die Denitrifikation wird

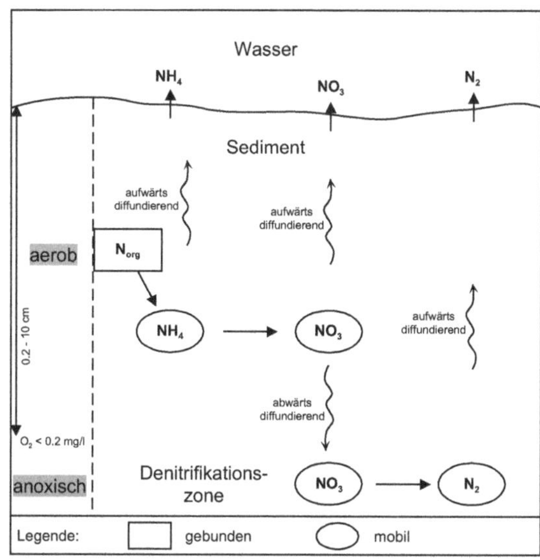

Abbildung 3: Freisetzung verschiedener Stickstoffformen im Zusammenspiel mit Nitrifikation und Denitrifikation im Sediment; übersetzt und verändert nach [4]

das Nitrat weiter in Distickstoff (N_2) umgewandelt. Die Prozesse laufen hauptsächlich im Sediment und in geringerem Umfang auch im Pelagial ab.

Auf eine ausführliche Beschreibung der Prozesse wird hier verzichtet. Sie ist in der einschlägigen Literatur, insbesondere der Siedlungswasserwirtschaft im Zusammenhang mit der Abwasserbehandlung, ausführlich dargestellt (siehe auch [4, 9]). Hier sollen nur die Reaktionsgleichungen erwähnt werden. Für die Nitrifikation sind dies:

$$NH_4^+ + 1.5\,O_2 + 2\,HCO_3^- \xrightarrow{\ nitrosomonas\ } NO_2^- + 2\,H_2CO_3 + H_2O \qquad (1)$$

$$NO_2^- + 0.5\,O_2 \xrightarrow{\ nitrobacter\ } NO_3^- \qquad (2)$$

Die Denitrifikation läuft nach folgender Gleichung ab:

$$4\,NO_3^- + 4\,H^+ + 5\,C_{org} \rightarrow 5\,CO_2 + 2\,N_2 + 2\,H_2O \qquad (3)$$

Es ist zu beachten, dass die beiden Prozesse verschiedene Milieus für ihren Ablauf benötigen. Die Nitrifikation läuft unter Beteiligung der Bakterien *nitrosomonas* und *nitrobacter* nach Gleichung (1) und (2) aerob ab, während die Denitrifikation nach Gleichung (3) unter anoxischen Bedingungen stattfindet.

Weiterhin werden die Prozesse der Nitrifikation durch Temperatur und Sauerstoffgehalt sowie den Gehalt an nicht oxidierten Stickstoffverbindungen beeinflusst. Die Temperatur darf

nicht unter 10 °C fallen. Die maximale Aktivität der Bakterien liegt bei 28 °C. Bei einer Sauerstoffkonzentration von weniger als 1 mg/l O_2 ist die Nitrifikation stark gehemmt; sinkt sie unter 0.5 mg/l O_2, so kommt die Nitrifikation vollständig zum Erliegen. Ein großer Anteil nicht oxidierter Stickstoffverbindungen fördert die Nitrifikation.

3.2.3 Biologische N_2-Fixation

Stickstoff ist in Form des Distickstoffs (N_2) gasförmig und für die meisten Organismen nicht verfügbar: Lediglich Blaualgen und einige Bakterien, welche die Möglichkeit zur N_2-Fixation als Stickstoffaufnahme haben, können ihn verwerten.

Der Prozess der N_2-Fixation ist als Umwandlung von Stickstoff zu Ammonium durch das Enzym *Nitrogenase* definiert. *Nitrogenase* benötigt Energie, die bei der Sauerstoffproduktion durch Photosynthese zur Verfügung gestellt wird. Daraus lässt sich schließen, dass die N_2-Fixation in gut belüftetem Wasser, also im Epilimnion und besonders in der euphotischen Zone, abläuft.

Neben Sauerstoff sind auch Eisen (Fe) und Molybdän (Mo) für die N_2-Fixation von Bedeutung. *Nitrogenase* enthält beachtliche Mengen dieser Elemente und hat somit einen hohen Bedarf, der aus dem Wasser gedeckt werden muss. Auch andere Stickstoffverbindungen im Wasser beeinflussen *Nitrogenase*. Die Aktivität des Enzyms wird durch Ammonium unterdrückt, während Nitrat die Enzymsynthese behindert. [4]

Durch die N_2-Fixation wird Stickstoff aus der ursprünglich inerten Form (N_2) den Pflanzen in einer für sie verwertbaren Form zur Verfügung gestellt. Sie kann auch dann stattfinden, wenn andere Stickstoffressourcen sehr niedrig sind, so dass Nitrifikation und Denitrifikation nicht ablaufen können, und so zur Eutrophierung beitragen. In diesem Fall stellt die N_2-Fixation die Hauptquelle für pflanzenverfügbare Verbindungen des Stickstoffs im Wasser dar. In den meisten aquatischen Systemen sind die N_2-Fixationsraten allerdings niedriger als die Denitrifikationsraten.

3.3 Phosphor

3.3.1 Allgemeines

Während die den Stickstoff betreffenden Prozesse wegen seiner positiv (NH_4^+) und negativ (NO_3^-, NO_2^-) geladenen Ionen wie auch seiner Gasphase (N_2) komplex sind, tritt bei Phosphor nur ein Ionentyp (PO_4^{3-}) auf. Die Prozesse, welche den Phosphor betreffen, sind allerdings aufgrund seiner Adsorption an feste Partikel nicht einfacher.

In der vorliegenden Ausarbeitung sollen vorwiegend die Prozesse im Sediment betrachtet werden. Die Rücklösungsprozesse des Phosphors (P) werden in die P-Mobilisierung und die P-Freisetzung in das Wasser unterschieden (siehe Abschnitt 3.1).

Grundsätzlich sind chemische Reaktionen der mineralischen P-Verbindungen im See vom pH-Wert abhängig. Das Verhalten der P-Verbindungen im Sediment ist zusätzlich stark von Oxidations- und Reduktionsprozessen an der Sediment-Wasser-Kontaktzone geprägt. Neben

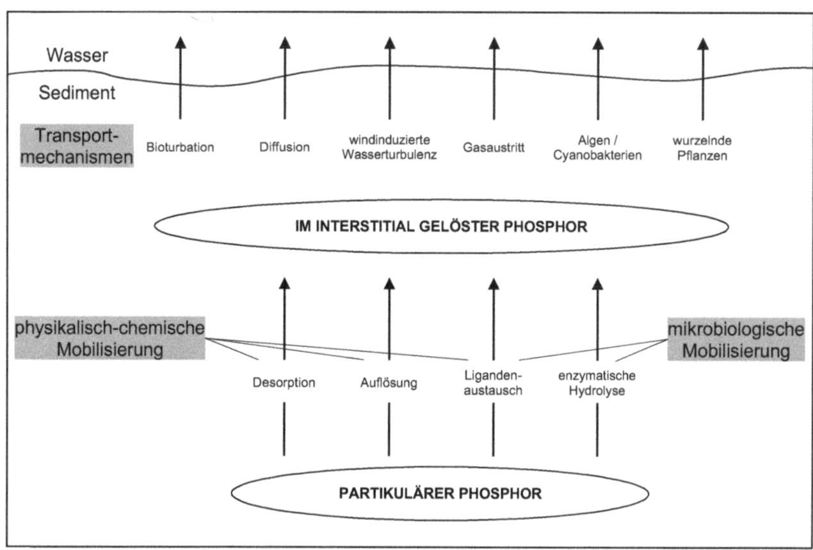

Abbildung 4: Überblick über die Rücklösungsmechanismen des Phosphors; übersetzt und verändert nach [14]

den Oxidations- und Reduktionsbedingungen ist der Konzentrationsunterschied zwischen Interstitialwasser und darüberstehendem Wasser für Lösungsvorgänge im Sediment entscheidend.[3]

Abbildung 4 gibt eine grobe Gliederung der Prozesse wieder. Sie soll als Überblick für die folgenden Unterabschnitte dienen. Die einzelnen Rücklösungsprozesse werden im Folgenden den Sauerstoffverhältnissen im Sediment entsprechend eingeteilt.

3.3.2 Anaerobe P-Rücklösung (klassische Rücklösungstheorie)

Die Freisetzungstheorie nach MORTIMER, EINSELE und OHLE gilt heute als anerkannte Lehrmeinung [17]. Sie wird in diesem Abschnitt ausführlich dargestellt. Die Vorgänge sind in den Abbildungen 5 und 6 zusammenfassend anschaulich dargestellt.

Eisen (Fe) liegt unter aeroben Bedingungen in der Regel als Fe(III)-Oxid bzw. Hydroxid vor, woran gelöste Phosphate adsorbiert werden. Prinzipiell existieren zwei Stufen solcher Bindungen:[4]

1. Die schnell ablaufende Bindung an Oberflächen (z. B. $Fe(OH)_2\text{-}PO_4$). Sie läuft im Zeiträumen von Minuten bis Stunden ab. Dieser Prozess ist leicht umkehrbar.

---

[3]Siehe dazu auch [11, Kapitel 7.6]
[4]Siehe dazu [4, 14, 17]

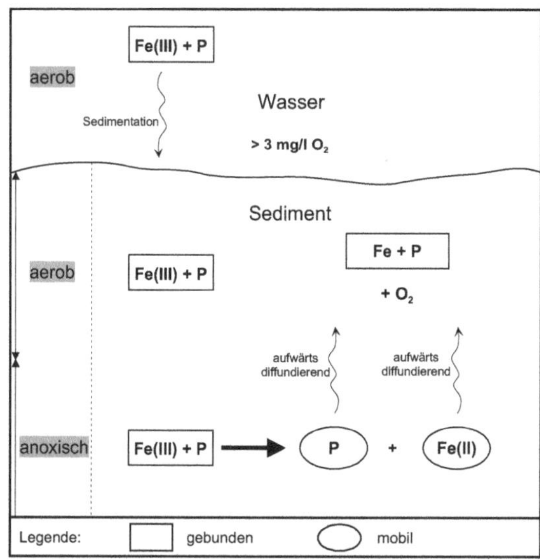

Abbildung 5: P-Rückhalt in aerobem Sediment bei aerobem Wasser

2. Die Diffusion der Phosphate in die inneren Molekülzwischenräume der Partikel (z. B. $Fe_3(PO_4)_2$). Dieser Vorgang läuft in Zeiträumen von Tagen bis Monaten ab und ist sehr schwer umkehrbar.

Die wichtigste Art dieser Bindungen ist nach [17] die Adsorption an Fe(OOH)-Oberflächen. Die entstehenden Partikel sind schwer löslich, sedimentieren und werden in der oberen Sedimentschicht deponiert.[5] Ist ausreichend Eisen vorhanden und herrschen im überstehenden Wasser aerobe Verhältnisse (Abbildung 5), so stellt diese obere oxidierte Sedimentschicht eine Barriere für im Sediment mobilisierte Phosphate dar: Sie verhindert die Diffusion von Phosphaten aus dem Sediment in das überstehende Wasser. Eine dauerhafte P-Speicherung (und damit ein Entzug aus dem aquatischen System) ist allerdings nur dann gewährleistet, wenn in der Kontaktzone permanent eine Sauerstoffkonzentration von mindestens 4 mg/l O_2 vorhanden ist. [9]

Unter anoxischen und anaeroben Bedingungen werden Fe(III)- zu Fe(II)-Verbindungen reduziert. Nach [17] wird die Reduktion von Fe^{3+} zu Fe^{2+} primär durch organische Verbindungen wie Oxalsäure, Huminsäuren u.a. verursacht. Die Eisenhydroxide und damit auch die adsorbierten Phosphate gehen dabei wieder in Lösung: Fe(III) $\rightarrow$ Fe(II) + P. Dies ist insbesondere in den tieferen Sedimentschichten der Fall.

Die gelösten Eisenionen diffundieren aufwärts und werden bei Kontakt mit Sauerstoff erneut oxidiert und als Hydroxidkolloid ausgefällt [17]. Die gelösten Phosphationen können an Partikeln adsorbieren und erneut sedimentieren oder durch das Interstitialwasser in den Wasser-

---

[5]In kalkreichen Seen übernimmt Calcium (Ca) die Rolle des Eisens, wobei die entstehenden Verbindungen ebenfalls schwer löslich sind [9].

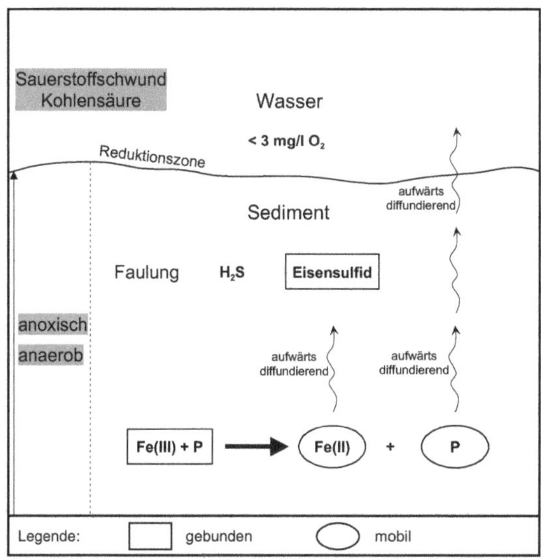

Abbildung 6: P-Rücklösung aus anaerobem Sediment in anaerobes Wasser

körper des Sees gelangen. Damit stehen sie dem aquatischen System wieder zur Verfügung. Welche der beiden Optionen eintritt, hängt in sehr starkem Maße von den Sauerstoffbedingungen an der Sedimentoberfläche ab:

- Liegen aerobe Verhältnisse vor, so ist die Barriereschicht intakt und kann die Phosphate wieder binden und eine Diffusion in das Wasser verhindern (Abbildung 5).

- Tritt Sauerstoffschwund mit gleichzeitiger Kohlensäureentwicklung im Wasser ein (anoxische/anaerobe Verhältnisse; Abbildung 6) – dies ist insbesondere bei zunehmender Eutrophierung im See der Fall (siehe auch Abschnitt 2.2.3) – so bildet sich eine Reduktionszone an der Sediment-Wasser-Kontaktschicht aus, und die oxidierte Barriereschicht wird zerstört. Durch die Reduktionen kann Sauerstofffreiheit am Gewässergrund auftreten und aerobe Prozesse werden durch Faulungsprozesse abgelöst.

  Bei Fäulnis, allgemein bei sehr tiefen Redoxpotentialen, bildet sich Schwefelwasserstoff aus Sulfat. Das gelöste Fe(II) kann durch Schwefelwasserstoff fest gebunden und ausgefällt werden, indem sich schwer lösliche Eisensulfide bilden. Dies bedeutet, dass das Eisen gebunden wird und nicht mehr zur Bindung der Phosphate zur Verfügung steht. Damit kann deren Diffusion ins Seewasser nicht mehr verhindert werden.

Die oben beschriebenen Mechanismen stellen die typischen Prozesse in vielen eutrophen Seen dar, bei denen eine anaerobe Phosphatrücklösung mit der Reduktion von Fe(III) gekoppelt ist. Sie sind aber nicht zur Erklärung aller beobachteten und untersuchten Rücklösungsphänomene anwendbar. [17]

O_2-*Gehalt* (mg/l O_2)	*Auswirkungen*
> 3	keine Phosphatfreisetzung
$1 - 3$	sprunghafter Anstieg durch Reduktion der 3-stufigen zu 2-stufigen Verbindungen
< 1	sehr große Freisetzung wegen der starken Reduktion der Fe(III)-Verbindungen

Tabelle 3: Auswirkungen der Sauerstoffverhältnisse an der Sedimentoberfläche nach [9]

Zusätzlich zur adsorptiven P-Anreicherung (klassische Rücklösungstheorie) kann ein großer Teil des Phosphors durch Bakterien an der Sedimentoberfläche gespeichert werden. Phosphate können aber auch durch Pflanzenwurzeln, Detritus fressende Tiere, sowie Algen und Atmung von Bakterien aktiviert und freigesetzt werden. Die bakterielle P-Freisetzung sollte nach [17] allerdings nicht als Rücklösung bezeichnet werden, da sie streng genommen zum Respirationsvorgang gehört. Durch den mikrobiellen Abbau organischer Substanzen wird gleichzeitig der pH-Wert im Interstitial gesenkt. Verantwortlich hierfür ist die Freisetzung saurer Gärungsprodukte. Der Einfluss der mikrobiellen Aktivität auf die P-Bindungsformen wird in [5] ausführlich diskutiert.

„Die Abgabe von Phosphaten aus dem Sediment schwankt je nach chemischen Bedingungen zwischen 0.1 und 100 mg/(m^2·d)." [9, S. 546]

3.3.3 Einflüsse auf die P-Freisetzung aus anaerobem Sediment

Die Einflussfaktoren sind in diesem Abschnitt zusammengefasst, sie werden ausführlich in [10] diskutiert. Einige davon (Redoxbedingungen und Fe:P-Verhältnisse) werden auch in [17] behandelt. In [4] wird weiterhin auf den Einfluss verschiedener Mineralien, insbesondere der Tonmineralien eingegangen. [14] beschäftigt sich darüber hinaus mit der Verfügbarkeit von anderen Elektronenakzeptoren neben Phosphat. Die Grundlage diese Abschnittes ist [10].

Einflussfaktoren lassen sich je nachdem, ob anaerobes oder aerobes Wasser vorhanden ist, unterscheiden. Es ist allerdings zu beachten, dass sich die Einflüsse nicht immer scharf trennen und zuordnen lassen und einige sowohl im aeroben wie auch im anaeroben Milieu eine Rolle spielen.

Die Freisetzungsmenge kann qualitativ anhand der Sauerstoffkonzentration im Wasser beurteilt werden. Eine Quantifizierung der Sauerstoffkonzentrationen und deren Auswirkung auf die P-Freisetzung ist in Tabelle 3 dargestellt (vergleiche auch Abbildungen 5 und 6).

Wichtige Einflüsse auf die Freisetzung in anaerobes Wasser

Diffusion: Diffusion stellt den Haupt-Transportmechanismus im Sediment dar. Sie ist entscheidend von den P-Konzentrationen in den verschiedenen Schichten abhängig und erhöht sich mit steigendem Gradienten.

Verwirbelungen: Sie beeinflussen die Diffusion, indem durch den ständigen Abtransport von gelöstem Phosphor im freien Wasser ein hoher Konzentrationsgradient vom Sediment in das Wasser aufrechterhalten wird.

Einflüsse auf die Freisetzung in aerobes Wasser

Sorptionskapazität: Wechselwirkungen zwischen den P-Transportmechanismen und der Sorptionskapazität des Sedimentes beeinflussen das Durchsickern von Phosphaten aus der anaeroben Zone in das Wasser (siehe auch Abschnitt 3.3.2).

Temperatur: Die Temperatur wirkt sich auf die mikrobielle Aktivität aus. Je höher die Temperatur steigt, desto höher ist die mikrobielle Aktivität. Damit steigt gleichzeitig auch der O_2-Bedarf der Oberflächenschicht: Bei hohen Temperaturen und nicht ausreichendem Sauerstoffangebot kann so die oxidierte Oberflächenschicht zerstört werden. Damit ist eine direkte P-Diffusion aus den anaeroben Sedimentschichten in das Wasser möglich. Bei Temperaturen über 17 °C bzw. 21 °C [6] ist die P-Freisetzung sogar unabhängig von der O_2-Konzentration im überstehenden Wasser.

Durch die mikrobielle Aktivität wird außerdem die P-Konzentration im Interstitialwasser beeinflusst.

Wind: Windverhältnisse beeinflussen die P-Freisetzung durch eine bessere Belüftung des Wassers und die Erzeugung von Strömungen und Verwirbelungen. Der O_2-Eintrag vergrößert sich mit steigenden Windgeschwindigkeiten. Ebenso verstärken große Windgeschwindigkeiten die Verwirbelungen. Dadurch kann ein großer Unterschied der P-Konzentration vom Interstitial in das Freiwasser aufrecht erhalten werden.

Fe:P-Verhältnis: Das Fe:P-Verhältnis ist für die Oxidation des zweiwertigen Eisens von Bedeutung. Nur bei einem atomaren Verhältnis von Fe : P > 1.8 im Interstitialwasser kann die Oxidation von Fe(II) Phosphor binden und ausfällen (siehe auch Abschnitt 3.3.2). Die Vorgänge im Einzelnen sind sehr komplex.

Allgemein sind im Hinblick auf Rücklösungsprozesse Vorgänge kritisch, die geringe Fe-Konzentrationen im Interstitial aufrechterhalten. Je höher die Fe-Konzentration ist, desto wahrscheinlicher ist die Verfügbarkeit von Bindungspartnern für Phosphor.

Schwefelwasserstoff: H_2S wirkt indirekt auf den P-Transport im Sediment, indem er die Fe-Ressourcen im Sediment in anaerobem Milieu bindet. Sie stehen dadurch unabhängig von den Milieubedingungen (aerob/anaerob) nicht mehr für eine Phosphatfällung zur Verfügung (siehe Abschnitt 3.3.2).

pH-Wert: Steigt der pH-Wert, so sinkt die Adsorptionskapazität des Fe(III) für Phosphate.

Der pH-Wert des Interstitialwassers ist allerdings durch die sauren Exkrete des bakteriellen Stoffwechsels gepuffert, so dass sich ein Ansteigen des pH-Wertes im Wasser nicht auf das Sediment auswirkt. „Änderungen des pH-Wertes entstehen besonders durch biologische Aktivitäten." [17, S. 30].

Die Auswirkung eines hohen pH-Wertes auf die P-Adsorption durch Eisen ist deshalb auf die Sedimentoberfläche beschränkt. Der pH-Wert hat deshalb keine oder nur sehr geringe Auswirkungen auf den P-Transport aus den anaeroben Sedimentschichten an die Sedimentoberfläche.

---

[6]Angaben verschiedener Autoren, siehe [10, S. 145]

3.3.4 Aerobe P-Rücklösung

Zu diesem Punkt besteht noch Forschungsbedarf: In aktuellen Forschungsarbeiten werden unterschiedliche Möglichkeiten und Vermutungen aufgestellt und diskutiert.

Die direkte P-Mobilisierung und -Freisetzung beruht auf der P-Desorption von anorganischen Komplexen und der Mineralisierung organischer Materialien, bei der Phosphor freigesetzt wird.

Eine Desorption von anorganisch gebundenem Phosphor (Fe(III)-Bindung) kann auftreten, wenn im Wasser unmittelbar über der Sediment-Wasser-Kontaktschicht geringe Orthophosphatkonzentrationen vorhanden sind [10]. P-Mobilisierung findet allerdings in den meisten Fällen, durch die Sorptionskapazität des Sedimentes beschränkt, nur an der Sedimentoberfläche statt. Berechnungen für Sedimentschichten haben gezeigt, dass die P-Mobilisierung auf eine wenige Zentimeter dicke Oberflächenschicht beschränkt ist.

Die Mineralisierung organischen Materials kann unter aeroben Bedingungen wesentlich schneller ablaufen als unter anaeroben Verhältnissen. Sind Bakterien P-limitiert, ist das Auftreten einer P-Freisetzung durch aerobe Zersetzung unwahrscheinlich: In oligotrophen Seen wurde der P-Rückhalt durch Bakterien beobachtet; in flachen eutrophen Seen dagegen, in denen die Zersetzung von phosphatreichen Algen an der Sedimentoberfläche aerob abläuft, ist Phosphor im Überfluss vorhanden und somit das Potential für eine Freisetzung mineralisierten Phosphors in das überstehende Wasser gegeben [10]. Diese Art der P-Freisetzung sollte nach [17] nicht als Rücklösung bezeichnet werden, da sie streng genommen zum Respirationsvorgang gehört. Der Einfluss der mikrobiellen Aktivität auf die P-Bindungsformen wird in [5] ausführlich diskutiert.

Die SRP-Konzentrationen im Sediment sind an der Sedimentoberfläche häufig maximal und nehmen mit zunehmender Tiefe ab. Dies ist theoretischen Profilen ähnlich, die aus den hohen Mineralisierungsraten an der Sedimentoberfläche abgeleitet wurden. Es widerspricht allerdings Profilen, die üblicherweise in Sedimenten gefunden wurden, in denen die anaeroben tieferen Schichten (siehe Abbildung 2) die P-Quelle darstellen. [10]

Die Raten der aeroben P-Freisetzung variieren von 1-2 mg/(m²·d) TP (Esthwaite Water, England) über 40 mg/(m²·d) TP (Barton Broad, England) bis zu 550 mg/(m²·d) TP (Wahnbachtalsperre, Deutschland) [10].

3.3.5 Einflüsse auf die P-Rücklösung aus aerobem Sediment

Die aeroben Lösungsvorgänge werden durch die folgenden Parameter beeinflusst und gesteuert:

pH-Wert: Der pH-Wert beeinflusst die P-Desorption von Fe(III) (siehe Abschnitt 3.3.4). Sie steigt mit zunehmendem pH-Wert (pH > 8). Der Grund ist ein konkurrierender Ligandenaustausch mit OH^- [10]. In [17] wird dagegen geschlossen, dass eine Phosphatrücklösung infolge eines Ligandenaustausches unwahrscheinlich ist.

Studien haben außerdem einen Zusammenhang zwischen hohen SRP-Konzentrationen im Seewasser, die hohen P-Freisetzungen zugeschrieben werden, und hohen pH-Werten ergeben [10].

Wird Phosphor an Aluminium adsorbiert, was bei Tonen der Fall sein kann, so treten ähnliche Mechanismen wie bei Eisen auf. Ein hoher pH-Wert erlaubt auch dort die P-Freisetzung.

In hartem Wasser (hoher $CaCO_3$-Anteil) reduziert ein hoher pH-Wert die SRP-Konzentration im See, indem Phosphate mit Calcit ausgefällt werden.

Wasserbewegung: Wasserbewegungen fördern den direkten P-Transport vom Interstitial in das freie Wasser. Sie haben verschiedene Ursachen:

- aufsteigende Gasblasen

- Grundwasserströmungen

- Umwälzungen und Strömungen im Wasserkörper
  (siehe dazu auch Abschnitt 2.2.2)

- Bioturbation
  (Verwirbelung durch Kleinstlebewesen)

- Konvektionserscheinungen
  (Sie treten häufig im Litoral auf. Da dessen Wassermenge im Verhältnis zum Wasservolumen des gesamten Sees gering ist, kühlt es nachts schneller aus als das Wasser des Pelagials. Die Folge sind Strömungen vom Litoral zum Pelagial hin, die durch Konvektion verursacht werden.)

3.4 Sonstige Einflüsse

Die oben dargestellten Faktoren unterliegen ihrerseits wieder verschiedensten Einflüssen. Sie sind zum Beispiel von Klima, Seemorphologie, Seenutzung und damit verbunden vom Wasserhaushalt des Sees und nicht zuletzt von der Wasserqualität der Zuflüsse abhängig.

Neben den Auswirkungen auf die einzelnen Transportprozesse haben sie auch Auswirkungen auf den Nährstofftransport aus dem Benthal in das Pelagial, wo sich insbesondere in der euphotischen Zone die Auswirkungen in Form von Algenwachstum und Verkrautung des Gewässers zeigen (siehe auch Abbildung 4).

4 Zusammenfassung und Maßnahmen

Die Zusammenhänge im Gewässer sind komplex und von vielen verschiedenen Randbedingungen abhängig. Während die Abläufe, die Stickstoff betreffen (Abschnitt 3.2), recht übersichtlich sind, stellt sich die Betrachtung des Phosphors (Abschnitt 3.3) wesentlich vielschichtiger und diffiziler dar. Dazu muss man sich vor Augen halten, dass die Prozesse, die in dieser Ausarbeitung einzeln betrachtet wurden, in der Natur immer in Wechselwirkung mit den jeweiligen Stoffkreisläufen und ökologischen Beziehungen stehen.

Durch die Rücklösung der Nährstoffe werden diese den Organismen ständig und unabhängig von externen Nährstoffeinträgen zur Verfügung gestellt. Dies trägt wesentlich zur Eutrophierung der Gewässer bei. Besonders Phosphat ist im Hinblick auf die Eutrophierung von Seen kritisch.

Menschliche Eingriffe sind häufig nötig, um Seen vor dem „Umkippen" zu schützen. Dies betrifft besonders Seen, die zur Trinkwassergewinnung genutzt werden. So umfangreich die Einflussfaktoren sind, so schwierig ist auch die Handhabung des Phänomens aus technischer Sicht. Aufgrund der komplexen Zusammenhänge im gesamten Ökosystem sind gezielte Maßnahmen schwierig zu entwickeln und umzusetzen.

Die wirksamste Maßnahme in Bezug auf die Eutrophierung ist langfristig gesehen eine Reduzierung der anthropogenen Belastungen (externe Maßnahmen, Seesanierung). Einige interne Maßnahmen (Seerestaurierung), die speziell auf Rücklösungen wirken, sollen hier nur kurz erwähnt werden. Alle Maßnahmen zusammen werden unter dem Begriff „Rehabilitation" zusammengefasst [9].

Calcitaufspülung: Eine Calcitaufspülung besteht aus einer Aufspülung von Calcitmehlsuspension auf die Gewässeroberfläche. Zum einen werden gelöste Nährstoffe sowie partikuläre Substanzen an calcitische Partikel adsorbiert, zum anderen wirkt das sedimentierte Calcit an der Sedimentoberfläche als Diffusionsbarriere für die Nährstoffe (siehe auch Abschnitt 3.3.5).

Dieses Verfahren wurde z. B. im Baggersee Epple bei Karlsruhe im Rahmen des „Baden-Württemberg Progamm Lebensgrundlage Umwelt und ihre Sicherheit" (BWPLUS) angewandt. [13]

Hypolimnische Belüftung: Bei diesem Verfahren wird Tiefenwasser aus dem Hypolimnion an die Oberfläche gepumpt, dort belüftet und anschließend wieder zurück gepumpt. Eine Vermischung mit epilimnischem Wasser soll dabei vermieden werden. Alternativ kann das Hypolimnion auch direkt mit Druckluft belüftet werden, wobei die Schichtung des See eventuell aufgehoben wird (Destratifikation). Zwei Effekte können mit der hypolimnischen Belüftung erreicht werden: eine Verbesserung des O_2-Haushaltes im Hypolimnion und die Verhinderung einer P-Rücklösung. [11]

Dieses Verfahren wurde z. B. in der Bleilochtalsperre (Thüringen) angewendet (siehe hierzu auch [16]).

Ableitung hypolimnischen Wassers: Nährstoffreiches und O_2-armes Wasser wird aus dem Hypolimnion entfernt. Gleichzeitig vergrößert sich hierdurch das epilimnische Volumen. Diese Maßnahme bietet sich besonders bei Trinkwassertalsperren an, die Wasser aus unterschiedlichen Entnahmetiefen ableiten können. [11]

Abdeckung des Sedimentes: Hierbei wird das Sediment mit Sand oder Ton abgedeckt. Die Abdeckung hat allerdings nur vorübergehende Wirkung, sofern nicht gleichzeitig eine Reduzierung der externen Nährstoffeinträge erfolgt. [11]

Entfernung von Sediment: Die obersten 5-15 cm des Sedimentes werden entfernt. Dies ist in tiefen Seen oder Talsperren nicht ohne weiteres möglich und teilweise mit erheblichem Aufwand verbunden. Gleichzeitig sollte auch hier eine Reduzierung der P-Einträge in den See erfolgen. [11]

Interne P-Fällung: Die interne P-Fällung entspricht im Wesentlichen der limnischen P-Fällung (siehe Abschnitt 3.3.2) und läuft analog der P-Fällung ab, wie sie in der Abwassertechnik eingesetzt wird. Sowohl Eisen als auch Phosphor werden ausgefällt. In

Dänemark und Schweden wurden hiermit gute Kurzzeiterfolge, jedoch keine Langzeiterfolge erzielt. [11]

Biomanipulation: Hierunter ist das Beseitigen von submersen Wasserpflanzen z. B. mit Krautschneidebooten sowie der Einsatz von pflanzenfressenden Fischen zu verstehen. Biomanipulation entspricht hier einem Eingriff in die Nahrungsketten des aquatischen Ökosystems.

Verfahren der Biomanipulation werden in [6, 11] ausführlich diskutiert.

In den vergangenen Jahrzehnten konnten die anthropogenen Nährstoffeinträge in die Gewässer in der Bundesrepublik nachweislich stark reduziert werden. Doch bis eine nachhaltige Verbesserung der Zustände der stehenden Gewässer eintritt, wird es aufgrund der in dieser Arbeit vorgestellten Problematik noch einige Jahre bis Jahrzehnte dauern.

Literatur

[1] ATV (Hrsg.): *Lehr- und Handbuch der Abwassertechnik, Band I: Wasserwirtschaftliche Grundlagen, Bemessung und Planung von Abwasserableitungen.* Berlin, München : Verlag von Wilhelm Ernst & Sohn, 3. überarb. Aufl., 1982

[2] BMU (Hrsg.): *Wasserwirtschaft in Deutschland.* Bonn : Bundesministerium für Umwelt, Naturschutz und Reaktorsicherheit, Teil 2, 2001

[3] DIETRICH, Jörg; SCHÖNIGER, Matthias: *Hydroskript.* Online im Internet: URL: http://www.hydroskript.de/ [Stand 2002-06-06]

[4] HORNE, Alexander J.; GOLDMAN, Charles R.: *Limnology.* New York : McGraw-Hill, second edition, 1994

[5] HUPFER, M.: *Bindungsformen und Mobilität des Phosphors in Gewässersedimenten.* in: STEINBERG, Christian E.W. (et al.)(Hrsg.) *Handbuch angewandte Limnologie.* Landsberg am Lech : ecomed, Loseblattausgabe, 1995-

[6] KASPRZAK, P.; et al.: *Biologische Therapieverfahren (Biomanipulation).* in: STEINBERG, Christian E.W. (et al.)(Hrsg.) *Handbuch angewandte Limnologie.* Landsberg am Lech : ecomed, Loseblattausgabe, 1995-, 10. Erg.Lfg. 8/00

[7] KÖSTER, Stephan: *Foliensammlung zur Vorlesung Gütewirtschaft von Trinkwassertalsperren.* Aachen : Institut für Siedlungswasserwirtschaft der RWTH Aachen, 2001

[8] LUA NRW (Hrsg.); MUNLV NRW (Hrsg.): *Gewässergütebericht 2000.* Essen : Landesumweltamt Nordrheinwestfalen, Sonderbericht, 2000

[9] MANIAK, Ulrich: *Hydrologie und Wasserwirtschaft.* Berlin u.a. : Springer, 4. überarb. u. erw. Aufl., 1994

[10] MARSDEN, Martin W.: *Lake Restoration by Reducing External Phosphorus Loading: The Influence of Sediment Phosphorus Release.* Freshwater Biology, Vol.21, S. 139-162

[11] SCHWOERBEL, Jürgen: *Einführung in die Limnologie.* Stuttgart : G. Fischer, 8. vollst. überarb. Aufl., 1999

[12] VON SENGBUSCH, Peter; et al.: *Botanik online - Das Internethypertextbuch.* Online im Internet: URL: http://www.biologie.uni-hamburg.de/b-online/ [Stand 2002-07-03]

[13] STÜBEN, Doris; NEUMANN, Thomas; BERG, Ute: *Effizienz und ökologische Auswirkungen einer Calcitaufspülung als interne Renaturierungsmaßnahme für eutrophierte Standgewässer.* Online im Internet zum Download: URL: http://bwplus.fzk.de/berichte/ZBer/99/ZBerN98006.pdf [Stand 2002-08-16]

[14] WETZEL, Robert G.: *Limnology.* London, u.a. : Academic Press, 2001

[15] WILLMITZER, Hartmut: *www.waterquality.de - know-how online.* Online im Internet: URL: http://www.waterquality.de/ [Stand 2002-07-03]

[16] WITTER, Ralph: *Entwicklung technischer Massnahmen zur Begrenzung der Algenentwicklung durch Lichtlimitierung am Beispiel der Bleilochtalsperre.* Online im Internet: URL: http://www.uni-weimar.de/Bauing/wasser/labor/project/blasen.html [Stand 2002-08-16]

[17] ZINDER, Bettina: *Phosphatrücklösungen aus Sedimenten als Folge der Reduktion von Eisenoxiden.* Zürich : ETH (Technische Hochschule), Diss., 1985